7～12岁财赋少年财商基础教育系列丛书

学趣味货币知识

筑人生财富根基

曾 勇 刘 园⊙著

侯小玲⊙编绘

给孩子千万财富，
不如培养孩子创造千万财富的能力。

SPM
南方出版传媒
广东经济出版社
·广州·

图书在版编目（CIP）数据

学趣味货币知识，筑人生财富根基/ 曾勇，刘园著 ，侯小玲绘. —广州：广东经济出版社，2016.9
ISBN 978 - 7 - 5454 - 4825 - 2

Ⅰ. ①学… Ⅱ. ①曾… ②刘… ③侯…Ⅲ. ①财务管理 - 少儿读物Ⅳ. ①TS976. 15 - 49

中国版本图书馆 CIP 数据核字（2016）第 222082 号

出 版 人：姚丹林
责任编辑：赖芳琨
责任技编：谢 莹
装帧设计：李康道

出版 发行	广东经济出版社（广州市环市东路水荫路 11 号 11 ~ 12 楼）
经销	全国新华书店
印刷	广州市岭美彩印有限公司 （广州市芳村区花地大道南海南工商贸易区 A 幢）
开本	889 毫米 × 1194 毫米　1/16
印张	3.75
字数	651 00 字
版次	2016 年 9 月第 1 版
印次	2016 年 9 月第 1 次
印数	1 ~ 5 000
书号	ISBN 978 - 7 - 5454 - 4825 - 2
定价	28.00 元

如发现印装质量问题，影响阅读，请与承印厂联系调换。
发行部地址：广州市环市东路水荫路 11 号 11 楼
电话：（020）38306055　37601950　邮政编码：510075
邮购地址：广州市环市东路水荫路 11 号 11 楼
电话：（020）37601980　营销网址：http://www.gebook.com
广东经济出版社新浪官方微博：http://e.weibo.com/gebook
广东经济出版社常年法律顾问：何剑桥律师

序

誉融财赋少年财商教育系列丛书
——做第一档中国人自己的最完整的少儿财商系列书籍

作为 11 岁孩子的父亲，我常常会关心什么才是孩子最重要的能力，什么才是保证他未来幸福富裕生活最关键的要素。

我从创办誉融至今八年，已经为金融机构培养了十万多理财规划师和金融从业人员，并常年受邀担任投资理财论坛嘉宾，为普及金融从业人员和社会大众的理财观念、知识和技能一直孜孜不倦地努力着。

多年的金融培训和理财教育生涯常常让我思考以下几个问题，内心的忧虑和紧迫感也是与日俱增。

为什么那么多人，辛苦打拼一辈子，却总是无法得到自己想要的好生活？大多数的穷人都很勤劳，但为什么总是无法致富？什么才是致富的关键？

为什么那么多人，辛苦积累多年的财富，却常常因为一个小骗局就被骗光？哪怕有一点金融常识也不至于此，是什么原因让他们在金钱上显得如此笨拙？

为什么那么多人，年轻聪明，出自名校甚至学霸，进入社会却是月光族啃老族？好成绩不代表好生活，那么，什么才是对孩子们的未来生活最重要的呢？

为什么那么多孩子，在父母口口声声"再苦不能苦孩子"的百般呵护下，却养成大手大脚胡乱花钱的坏习惯，不懂珍惜和感恩？小时候如此，长大又如何指望他们能掌控好自己的生活？人们总是说富不过三代，那么，如何才能保证家庭的财富可以代代相传？

众多问题究其原因，不是我们不聪明，也不是我们不努力。但是很可惜，我们从小到大，无论是小学中学甚至大学，从来没有人教过我们与金钱财富相关的知识和技能。

或许有人会有疑问：孩子那么小和他讲钱，会不会令孩子变得市侩？金钱知识嘛，长大就会了。真的如此吗？我们很多人长大了，会了吗？中国人忌讳讲钱，害怕讲钱，不愿意讲钱，结果却发现这辈子无论什么时候，都无法离开金钱。

就是因为不懂，很多人一辈子被金钱所困，被金钱左右，无法实现好生活还不知道原因在哪里。很多人因为从小没有学习过金钱财富知识，只能靠自己长大后摸索，经历了许多磨难，甚至损失惨重倾家荡产才有了顿悟。正确的引导，才能让孩子们不走偏路，才能在财富面前不亢不卑，才能正确理解财富的意义，懂得合理运用财富，才能有真正的好生活好未来。

有一个有趣的前十名现象。在我们同学聚会时，总是会聊起过去的读书生涯，议论下每个同学现在的生活。我们常常会奇怪地发现，原来在班级成绩排名前十位的同学，未必就是社会上混得最好的，甚至很多时候还远不如原来成绩比较差的同学。这是为什么呢？其实，好学习不直接等于好生活，好成绩也不等于就一定有好未来，在学习成绩之外，还有更重要的能力素养需要培养。

这就是我们常常忽略的综合素养的锻炼提升，也就是我们常说的智商情商财商都需要具备才能实现好的生活。智商和情商大家都很容易理解，而财商却是一个新名词。财商不仅仅是理财，更是我们认知财富理解财富驾驭财富的综合能力，是决定未来实现富裕生活的关键因素。可现实中，很多父母常常只重视物质生活的满足，而忽略了孩子成长的真正需求，"再苦不能苦孩子"的错误观点正在影响着我们的下一代。

假设有一天孩子问我们：我们家有钱吗？我们会怎么回答？首先我建议，作为父母，可以坦然地和孩子谈论金钱方面的问题，但是，如何回答，还是有很多不同的作用。我问过很多人，有国内的有国外的，大体上分以下两类：

很多有财商意识的父母会这么回答：我们家有钱，足够我们生活，但是这和你没有关系，这是父母的钱，将来你可能比我们更有钱，那你就必须更努力更成功。

还有很多父母会这么回答：我们家有钱，问这么多干吗，这些以后还不都是留给你的吗？难道父母还会带去棺材里吗？

有没有想过这两种回答带来的后果？这是两种完全不同的观念，前者传递的是精神财富，后者传递的只是物质财富。而我们中国人往往用第二种观念来传承我们的财富，结果很多富二代官二代成了社会的诟病，甚至是祸害社会的败类。很多企业家富豪，虽然自己很成功，为社会带来很多财富，但他的子女却成了社会的祸害，留下无法扭转的缺陷遗憾，这样的人生又如何说得上成功。

物质财富的传递最不长久，由于有太多错误的观念和引导，我们的很多孩子已经失去了父辈们吃苦耐劳的精神，养成了大手大脚养尊处优的坏习惯。未来有一天父母不在了，又如何保证父母的财富足够孩子一辈子乱花呢？

给孩子千万财富，不如培养孩子创造千万财富的能力。

财商教育刻不容缓，是孩子们未来幸福富裕的基础，是比其他能力对孩子一生影响更大的能力，却又是我们目前教育体制和家庭教育中普遍缺失的重要一部分。

思前想后，誉融下定决心，在2013年全面转型，将所有重心转移到少儿财商教育上。通过校园财商课程、财商亲子活动、金融机构的定制活动，冬令营、夏令营、特训营等多种形式，做了很多卓有成效的尝试，也积累了许多宝贵的经验。

我们主要关注4～18岁的孩子，这是培养孩子财商的关键期，这个时期对于孩子价值观人生观的培养非常重要，很多行为习惯的建立也是在这个时期，错过这个关键时期，孩子们的一些不良习惯要想调整就非常困难。

我们将这套40册的财商书系细分为3个年龄阶段的丛书和2本父母读物，分别是："4～6岁财赋少年财商启蒙教育系列丛书""7～12岁财赋少年财商基础教育系列丛书""13～18岁财赋少年财商精华教育系列丛书"及《父母培养孩子财商的必修课》《誉融少儿财商教育系列丛书配套读物》，并在未来不断推出市场。

其中，"7～12岁财赋少年财商基础教育系列丛书"共10册，书名如下：

货币篇：《学趣味货币知识，筑人生财富根基》；

消费篇：《我是精明小买家，聪明消费学问大》；

收入篇：《勤劳工作挣收入，财富经营创未来》；

零用钱篇：《我的地盘我做主，零用钱藏大智慧》；

储蓄篇：《勤俭节约多储蓄，积少成多好生活》；

品德篇：《诚实信用好品质，有德有财有未来》；

家庭篇：《今天我做小当家，精打细算好管家》；

挣钱篇：《我是小小创业家，致富本事人人夸》；

投资篇：《小小金融理财师，投资工具样样知》；

事业篇：《我是未来企业家，白手兴家本领大》。

在这套丛书中，父母可以根据孩子的年龄和能力，亲子阅读或者让孩子自我学习，通过漫画、故事、财赋心语录、财商小课堂等形式，帮助孩子理解和金钱财富相关的知识，对经济金融建立基本兴趣，培养商业意识和头脑。

在整套书籍的编写过程中，我要感谢广东经济出版社投资理财室的责任编辑赖芳琨女士，没有她的努力，这套书无法那么顺利地呈现在大家面前。也要感谢誉融的同事们和家人给予我们的大力支持，还有众多的同行、朋友和学生，他们为这套书籍出谋划策，给了我们很多非常有价值的宝贵建议，这里也一并表示感谢。

这是我们多年少儿财商教育的精华积累，编写仓促，难免有些错漏，欢迎大家提出宝贵建议，也欢迎大家和我们交流少儿财商教育的心得。

少儿财商教育是素质教育的全新领域，弥补了国内应试教育基础教育和家庭教育的空白，已经开始得到教育界金融界等各行各业的关注和重视，越来越多父母开始反思自己的人生经历，并将财商教育放在家庭教育的重中之重。

投资有风险，没有财商教育的孩子，未来一定有真正的风险。

未来的文盲不是没有大学学历的人，未来大多数的孩子都能读上大学。未来的文盲是没有商业思维，没有经济头脑，空有才华却无法有好生活的人。

我们相信，少儿财商教育利国利民利家庭利孩子。从小让孩子接触财商教育，培养正确的价值观人生观财富观，学习珍惜财富理解财富，培养驾驭财富的综合素养，才能为未来的富裕幸福生活打下最坚实的基础。

曾勇

2016 年 8 月 1 日于广州

小朋友，从我们出生那一刻起，我们就在与金钱打交道。因为我们吃的、穿的、用的等都是用金钱换来的，而这些金钱都来自于爸爸和妈妈的辛勤劳动。

金钱是什么？有人说金钱是不好的，因为它会使人心变坏；有人说金钱是美好的，因为它能使人过上富足的生活。

其实，金钱没有好坏之分。它就像花草动物那么普通，它只是我们生活中的一个工具。所以，我们认识金钱就像认识花草动物那么平凡，我们使用金钱就像使用工具那么寻常。

小苹果将通过简单明了的文字和精美的图画，由浅入深，向你介绍钱币是从哪里来的、怎么用金钱去帮助他人、钱都去哪儿了、如何实现自己的梦想、怎么让零花钱变多、怎么做个精明的小买家……希望大家能将学到的知识运用在生活中，提高自己认识金钱、使用金钱和合理规划金钱的能力！

小朋友，金钱只是人生财富的一小部分。人生财富还包括时间、健康、亲情、友情，还有各种优良品质，如持之以恒、助人为乐、感恩的心……希望在你学习如何与金钱打交道的同时，还能收获人生的这些财富！

祝你成为物质上和精神上都富足的富孩子！现在，就让我们开启财商之旅吧！

大家好，我是小苹果！让我们一起学习财商知识吧！

目 录

一、钱是什么，为什么要有钱

大家都知道购买商品需要用到钱，但是，早在远古时期，钱（货币）的出现却比商品晚很多，那么，在当时是用什么来购买商品的呢？

货币是怎么来的

在原始社会，货币产生以前，人们用交换物品的方式来得到自己想要的物品。

我是呼啦啦，我想用我的马交换牛。

呼啦啦知道哗啦啦想用自己的牛换别人的马。

于是，呼啦啦就成功地用自己的马交换了哗啦啦的牛。

有一天，呼啦啦牵着一匹马去找哗啦啦交换牛。但是……

好吧！

对不起，我不想要马了，我想要一头猪。

我该怎么办呢？

她想了一会儿……

叮！有主意了！

她可以先用自己的马交换别人的猪，然后再用猪交换哗啦啦的牛啊。

于是，呼啦啦找到了养猪的啊啦啦。但是……

好吧！

呼啦啦，我不要马。

我想要一只鸡。

于是，呼啦啦又去找到其他人，但是都没成功。

该怎么办呢？没有人要我的马，我要怎样才能换到哗啦啦的牛呢？

这时，全城最聪明的人给呼啦啦出了一个主意。

既然大家换来换去这么麻烦，不如找一个大家都需要的东西，先将自己的东西换成大家需要的东西最终选用了珍贵的贝壳。

哗啦啦，我用 100 个贝壳换你的牛可以吗？

可以啊！来，我们交换吧！

接着，哗啦啦再用 80 个贝壳交换啊啦啦的猪。

这样，贝壳就成了人类最早的货币。

后来，人们又用金、银、铜代替贝壳成为金属货币。

但是，金属货币在日常生活中携带很不方便。

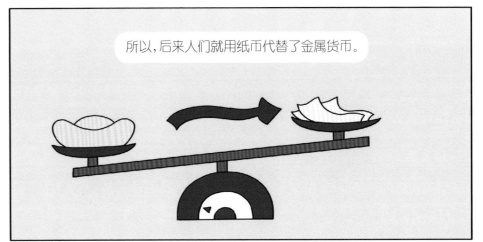

所以，后来人们就用纸币代替了金属货币。

人类社会在地球上已有百万余年的历史，货币只不过是几千年以前才出现在人类社会之中。

从历史资料的记载中可以看到，货币的出现，是与交换联系在一起的。

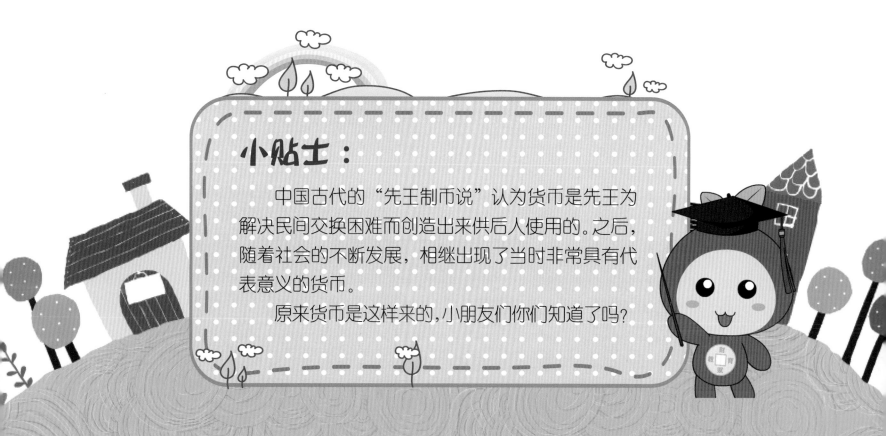

小贴士：

中国古代的"先王制币说"认为货币是先王为解决民间交换困难而创造出来供后人使用的。之后，随着社会的不断发展，相继出现了当时非常具有代表意义的货币。

原来货币是这样来的，小朋友们你们知道了吗？

二、钱的历史真有趣

随着时间的推移，社会的不断发展，市面上很多不同的等价物都被作为货币，那么，到底有些什么货币呢？猜猜看！

（一）关于"贝"

在新石器时代晚期，不知金属为何物的原始社会中，贝壳是最珍贵的物质了。贝是生长于热带亚热带浅海的贝类动物的硬壳，它小巧玲珑，色彩鲜艳，坚固耐用，成为原始居民喜爱的一种装饰品。另外，因其携带方便，坚固耐用，有天生的计数功能，在中国历史上最先充当货币，以至于中国汉字中凡与财富有关的汉字，大都以"贝"为偏旁。

在商代中期以前贝币价值很高，臣民若能获得国王贝币的赏赐那可真是极大的荣耀。商代的铜贝，是人类最早的金属铸币。

海贝

铜贝

（二）关于"铸币"

自然形态的金属货币在流通中需要称算重量、鉴定成色，很不方便。为了适应交换发展的需要，将金块、银块按照货币计算名称所规定的金银重量，铸造成具有一定成色、花纹和形状的金片和银片，就形成了铸币。铸币包括铲型（布币）、圆形（环钱）、方形（爰金）、椭圆形（蚁鼻钱）、刀形（刀币）五种。

布币

环钱

爱金（鬼脸钱）

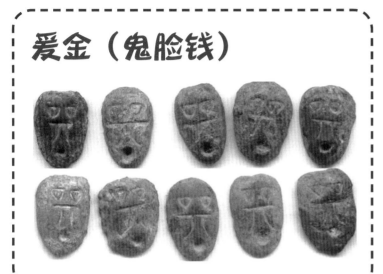

蚁鼻钱

刀币

（三）关于"秦半两"

秦始皇兼并了六国，建立了中国第一个统一的专制主义中央集权的封建国家。秦始皇废除了六国币制统一了货币。"秦半两"青铜币以"圆形方孔"为货币造型，方孔代表地方，外圆代表天圆，"圆形方孔"即象征着古代天圆地方的宇宙观。

小朋友，请你们想一想，这么多国家统一货币有什么好处呢?

（四）关于"五铢钱"

汉武帝元狩五年（公元前 118 年）废"半两"，改铸"五铢钱"，大小轻重适宜，制作精美，深受百姓欢迎。其后各朝累铸，沿用至唐初长达 700 余年，是中国历史上最长寿的货币。

相传，在三国以后的两晋时期，曾经发生过钱荒。当时人们就把一枚五铢钱从中凿开，当成两枚钱使用，不少地方还出现了以物易物的现象。要知道，凿开的钱币可是不能用了呢。

（五）关于"开元通宝"

"开元"，指开创新的纪元，更有大唐开国建国之意；"通宝"则指在统一的国度内的通用宝货。币面"开元通宝"四字，出自初唐大书法家欧阳询的手笔，可按上下右左顺序读作"开元通宝"，也可自上及右回环读作"开通元宝"，日本曾仿效铸造"和同开珎"钱币，欧阳询的字体因此在日本受到疯狂的追捧，至今日本著名的大报《朝日新闻》仍然采用欧阳询的字做报头。

（六）关于"交子"

我国是世界上最早使用纸币的国家。北宋的"交子"和南宋的"会子"是最早的官方纸币，其后盛衰更替，成为各个朝代主要的流通货币之一。

北宋交子

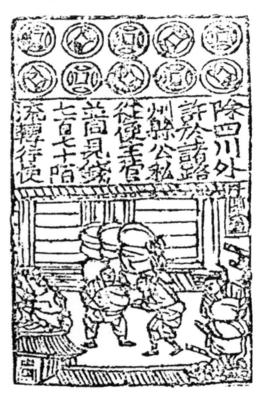

南宋会子

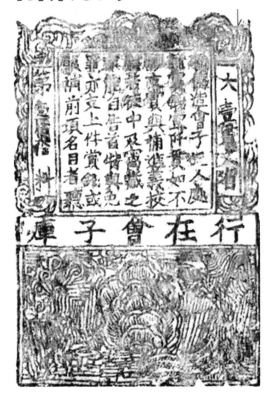

（七）关于"金元宝"的小故事

一个丞相隐居山林，成天与树木野兽为伴，郁郁寡欢，身体日渐衰败。但他希望死后能有人为他送行。所以，临死前，他把八个心腹叫到床前交代："念你们跟我相识一场，造墓的工钱加倍发放。另外，我为你们准备了八个金元宝，我死后，你们把我埋好，就到厨师那里，每人再领金元宝一个。"几个心腹感激涕零。

秘密埋葬好丞相以后，八个心腹就商量："丞相为我们准备了八个金元宝，连厨师九个人怎么分呀？不如等厨师把饭做好后，我们把他杀了，金元宝一人一个。"

厨师接到丞相的八个金元宝后，心里就在盘算，九个人怎么分呀？不如我在饭里下毒，把他们八个人毒死，这八个金元宝不就归我一人了吗？

那八个人一回到丞相家，就跑到厨房，问金元宝的事情。厨师说，你们劳苦功高，丞相为你们准备了八个金元宝，等你们吃完饭，我就拿来分。八人心里暗自高兴，等酒菜做好上桌后，他们一起动手，将厨师活活掐死。

他们从厨师那里找出金元宝，每人分了一个，揣进兜里。这八个人高兴得手舞足蹈，一起围坐在一张八仙桌上，大口喝酒，大口吃肉。一会儿，一个人突然捂着肚子，嗷嗷直叫，口里冒出白沫，瞪大眼珠，指着桌上的酒菜说："毒，毒。"待其他人上前扶时，这人就一命呜呼了。剩下的几个，赶紧将手指伸进喉咙，把肚子里的食物往外抠。可惜为时已晚，毒性已经发作，不一会儿，八个修墓人全部倒在地上，追随他们的墓主人去了。

故事心得：

　　这个故事告诉我们，财富本是好东西，但是，如果处理不好，甚至不择手段，必将害人害己，最终什么也得不到哦！

（八）关于"大明通行宝钞"

这个故事与明朝历史上的一位重要人物有关，这个人就是明太祖朱元璋的皇后——马皇后。马皇后一生虽未有过惊天动地之举，但她却以"贤德"著称，这一点在"大明通行宝钞"的印制过程中也得到了印证。

传说朱元璋刚开始制造纸币时，屡次试制都不成功。一天，他梦见有人告诉他，如果想制成纸币，必须取秀才的心肝来才行。梦醒之后他想道："这难道是让我去杀读书人吗？"马皇后听他说了这个梦，就对他说："照我看来，秀才们所作的文章，就是他们的心肝了。"朱元璋听了很高兴，立刻命主管的官署找来秀才们进呈的文章加工来用，纸币果然就制造成功了。

故事心得：
　　这个故事告诉我们，多运用大家的聪明才智，才能让很多事情做起来既简单又实用！

大明宝钞

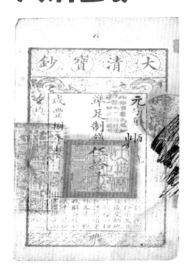

大清宝钞

（九）关于"大清货币"

金元明清时期采取"以银为主，铜钱纸钞为辅"的货币制度，清朝后期开始使用银元铜元机制币。银元铜元圆形无孔，采用机器鼓铸，规格标准，式样新颖，使用方便，颇受社会欢迎，因而迅速取代过去的货币，成为东西方钱币文化交融的典范。

银票

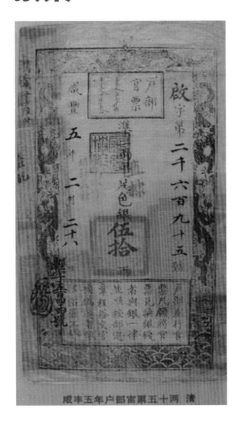

银元铜元

我们一起来回顾：

货币的演变：

实物开始

（实物货币是指以自然界存在的某种物品或人们生产出来的某种产品充当货币。）

↓

金属货币

↓

纸币和信用货币形式

三、现代货币逐个数

　　前面说的都是古代用的货币，那么，现代的人，用的货币又是怎样的呢？你们知道我们用的货币是谁发行的吗？别急，让我们一起来看看！

第一套人民币

第一套人民币是在中国共产党领导以及中国人民解放抗战胜利进军的形势下，由人民政府所属国家银行在 1948 年 12 月 1 日印制发行的唯一的法定货币。

从图片上看，第一套人民币选择工业、农业、商业、纺织、交通、运输、工厂和矿山等当时经济建设和新社会人们生活的图案，生动展现出新中国成立早期人们的社会百态，使人们领略到在共产党的领导下，全国各族人民齐心协力、艰苦奋斗、自力更生地建设新中国。

但是，由于第一套人民币的设计思想还不够统一，图案既有反映工、农业生产的劳动场面，也有反映交通运输的情景，还有反映北京等地的名胜古迹，内容繁杂，主题思想不突出、不明确；钞票种类多，面额大小差别大。

第二套人民币

为改变第一套人民币面额过大等不足，提高印制质量，决定由中国人民银行在 1955 年 3 月 1 日起发行第二套人民币，收回第一套人民币。

第三套人民币

第三套人民币是中国人民银行于 1962 年 4 月 20 日开始发行的。与第二套人民币比价相等，并在市面上与之混合流通。这套人民币与第二套人民币相比，增加了 1 角、2 角、5 角和 1 元四种金属币。

第四套人民币

中国人民银行自 1987 年 4 月 27 日发行第四套人民币。这套人民币在纸张上加强了防伪，还在油墨、制版、印刷工艺上加强了防伪。在钞票纸中埋入安全线，也是人民币防伪的主要措施。安全线是一种金属材质的细线，用仪器检测有磁性。它是在造纸时加入的，埋在钞票纸中，而不是直接印在票面上。安全线的使用，也是第四套人民币中的亮点之一。

第五套人民币

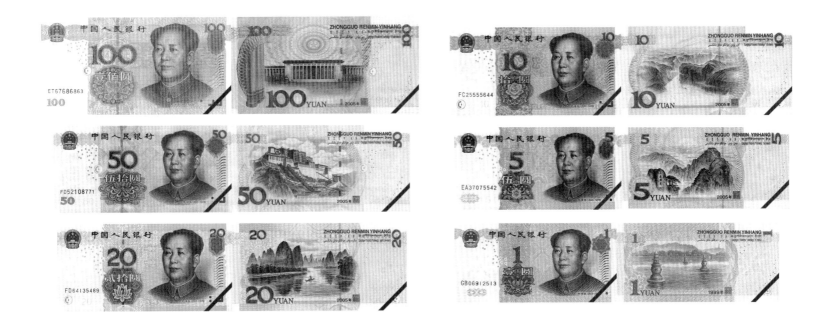

　　这是我们的第五套人民币，也是我们现在正在使用的。第五套人民币还应用了多项成熟的具有国际先进水平的防伪技术，主要包括：光变油墨印刷、编码荧光油墨印刷、隐形面额数字、横竖双号码、双色横号码、阴阳互补对印图案、胶印缩微文字、红蓝彩色纤维、凹印手感线、防复印标记、白水印等多项防伪技术。

财商小课堂

　　以前的钱，现在不用了，是不是就不值钱了呢？当然不是啦，它随着时间的推移反而会更加值钱，因为它越来越少了。物以稀为贵哦，这就是收藏价值。所以，我们也可以把以前的货币好好保存下来。收藏也是一种投资方式，也可以把收藏当作一种爱好，当然，通过收藏还可以学习了解到更多知识哦。

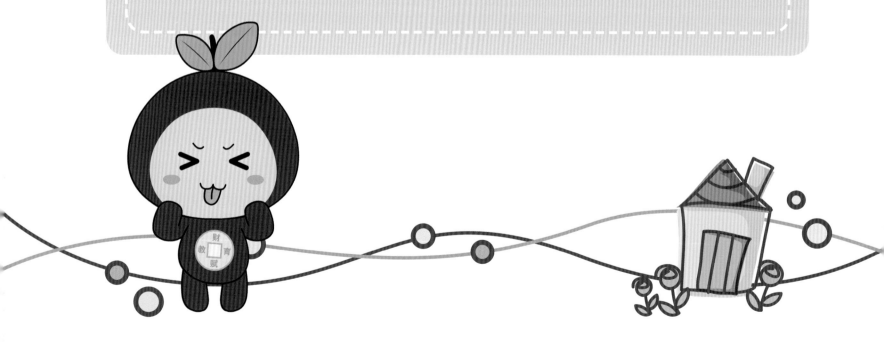

四、刷一刷也能付款

出门购物不用带现金，只要带上银行卡或者手机就可以购物。时代发展飞快，出现了电子货币，它使用起来也更加方便安全。

神秘的电子货币

小明揣着钱包到超市买零食。

正准备付款的时候才发现……

钱包里已经没有钱了！

怎么办呢？他看看周围有没有熟人可以帮忙付钱。

这时，他发现排在自己前面的那位叔叔也没有带钱，但是他把一张卡片递给收银员就能买东西了。

小明没买成零食，他带着这个疑问回了家。

小朋友，如果你知道为什么，就给小明解答一下吧。

原来，那位叔叔用的是银行卡，只要把钱存进银行卡，就能刷卡消费。银行卡是电子货币的一种。还有一种电子货币叫信用卡，信用卡里没钱，依然可以刷卡消费，但我们必须在第二个月把钱还给信用卡。

电子货币也是货币的一种，是虚拟的货币，没有实在的物品在我们手中流通，它将每个人拥有的纸币数量用电子的方式记录下来。很神奇对不对？当然，它除了具有方便、安全、通用等优点之外，还有不少强大的功能：

1. **转账计算功能**——可以用它直接购买商品，代替了纸币。

2. **储蓄功能**——我们可以把钱存在电子货币里，同时，有需要的时候也可以从里面取出钱来。

3. **兑现功能**——到了其他的国家需要花钱时，可以用它进行兑换。

4. **消费贷款功能**——当我们没钱或者钱不够的时候，可以向银行贷款，提前使用货币。

小朋友，你认识下面的电子货币吗？

五、外币风采，走遍世界不用愁

小朋友们有没有去过世界各地旅游呢？那里的小朋友可不是用人民币哦，那他们用什么货币买东西呢？

世界各地由于其历史、文化各不相同，纸币的颜色、肖像以及总体设计也千差万别。但不论哪个地方，好看的纸币总是令人心情更愉快。《金钱的艺术》一书作者大卫·斯坦迪什日前公开了最漂亮的十大纸币。下面跟随我一起来看看吧。

法属太平洋领土（法郎）

法属波利尼西亚、新喀里多尼亚、瓦利斯和富图纳等国家，风景优美，物产丰富，居民过着无忧无虑的神仙生活。这种惬意的生活方式也体现在纸币上，头戴花环的波利尼西亚少女，一头漂亮乌黑的秀发，夕阳的余辉洒在她的秀发上，

留下了橙金色的光芒。她身后的背景是傍晚的海边村寨，金色的天空、海水、民居，人们脑海中能够想象到的天堂景色也不过如此吧？

马尔代夫（罗非亚）

马尔代夫共和国位于印度洋上，距离印度西南 800 公里。当地人除了纸币中心描绘的捕鱼和收集椰子外，几乎没有其他赖以为生的手段。马尔代夫是世界上最贫穷的国家之一。

圣多美和普林西比民主共和国（多布拉）

圣多美和普林西比民主共和国位于西非近赤道海岸，纸币上的火山意味着"地球上的天堂"，图案中还有迷人的海滩和醉人的野生动植物，包括当地特有的翠鸟。纸币正面是反对葡萄牙殖民统治的民族英雄雷·阿马多尔。

瑞士（法郎）

目前流通的瑞士法郎纸币是自1995—1998年发行的10法郎、20法郎、50法郎、100法郎、200法郎和1000法郎六种面额的纸币。纸币图案采用竖式设计，正面是瑞士文化界的六位知名人士肖像，占整个票面的一半；背面是代表他们成就的若干个合成的图案。100法郎的正面是雕塑家和绘画

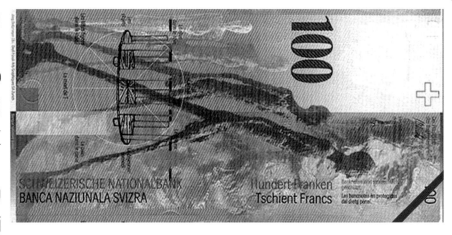

大师阿尔贝托·贾科梅蒂的肖像；背面是贾科梅蒂的代表作：塑像《前进的人》、自传《梦·司芬克斯与T之死》插图。

科摩罗（法郎）

科摩罗是位于西印度洋的一个很小的岛国，南临马达加斯加。该岛曾经是法国的殖民地，1975 年独立。该国于 2006 年发行的 1000 法郎纸币以精致、细腻、新颖打动了世界纸币协会评委，成为 2006 年最佳纸币。纸币形象非常平和，给人一种如梦似幻的感觉。上面隐约可见的鹦鹉螺似乎提醒着人们，自从独立后，这个国家的政变风暴就未停止过。

新西兰（新西兰元）

新西兰元 5 元面值纸币上的男子是埃德蒙·希拉里爵士，他和伙伴于 1953 年登上珠穆朗玛峰，是成功登顶珠峰的首批探险者之一。5 元纸币的颜色也暗示了希拉里当年登上珠峰时的艰难。1958 年，他还领导探险队第一次经过南极横穿南极洲。

香港（港币）

港元或港币是中华人民共和国香港特别行政区的法定流通货币。有人称，香港将是 23 世纪最繁华的都市，将令现在的"全球金融中心"纽约黯然失色。港币的设计充满了未来派的特色。新版 10 元港币是紫色配蓝色，面积较旧版 10 元纸钞要小，加入了新的防伪措施。

库克群岛（库克群岛元）

库克群岛是澳大利亚所属的太平洋岛屿，人口仅数千。由于人口较少，自古以来崇拜生殖。在发行的纸币上印上他们所崇拜的生殖神图腾，可以说是在全世界纸币中绝无仅有的。

冰岛（克朗）

冰岛克朗是冰岛的官方货币，在冰岛语中是"皇冠"的意思，纸币面额有 100 克朗、500 克朗、1000 克朗、2000 克朗以及 5000 克朗等。其中 5000 克朗面值的纸币上的人物是拉格希尔·荣斯蒂尔（1646—1715 年），她曾是两位冰岛主教的妻子，还是一位著名的裁缝。纸币背面是荣斯蒂尔正在教两名学生学习的情景。

法罗群岛（克朗）

法罗群岛是丹麦的一个自治领地，其纸币面额共有 50 克朗、100 克朗、200 克朗、500 克朗以及 1000 克朗五种。其中 500 克朗发行于 2004 年年底，正面图案是一只法罗海滩上的螃蟹，背面图案则是 Hvannasund 的景色。纸币的螃蟹雕刻采用粗线条的形式，尤其是在蟹钳部位，线条粗厚深重，用手触摸有非常强烈的凹凸感。

怎么样？看了这些十分具有特色的钱币，你最喜欢哪个地方的货币呢？有没有想去这些地方旅行的冲动呢？那就不妨行动起来，和爸爸妈妈一起去你想去的国家吧！

哦，对了！还有一点需要注意，我们到了不同的地方，购买商品时，商品标价的符号不同，它所代表的地方币种就不同哦！

世界各地的货币符号

商品标价签
品名：泰迪熊
产地：英国
规格：30cm×30cm

价格： £ 10.00 pound

商品标价签
品名：核桃
产地：中国
规格：1500 克

价格： ￥30.85 元

商品标价签
品名：相框
产地：美国
规格：12.7cm×17.8cm

价格： $ 4.23 dollar

我们看到商品上的价格标签，数字是多少就代表多少人民币吗？每一个数字前面有一个特别的符号，这个符号代表着什么呢？

欧元的符号很有象征意义：圆润的 E 让人想起了希腊语种的 Epsilon（希腊文字的第五个字母）——代表着古希腊罗马文化。E 中间的两条平行线代表着稳定。

在日本，其货币的发音其实是"en"。但是，因为第一本改写成拉丁语的日本字典中这个词是以 Y 开头的，所以日本货币在国际上也被叫作"Yen"，它和人民币的符号类似，但是读音却有所不同哦。

美元这个符号是墨西哥比索的符号，比索是一种古老的货币，后来也成为很多拉丁美洲国家的货币。美国在 1767 年独立之后直接拿这个符号作为美元的符号了。

£ 英国货币英镑的符号不由让人想起一个弯曲的L——这是英镑的拉丁语"libra"的缩写。

 韩国和朝鲜两种完全不同的货币都叫作"Won"（韩元）。这两种货币在国际上的符号都是一个W加两条横线。在韩国则是使用韩文写法来表示的。

đ 越南货币"盾"的符号看起来像一个小写的d和一个十字的组合：这个符号的意义是"盾"，"盾"在越南语中的拼写首字母是d，要读重音。

 东亚国家老挝的货币基普（Kip）的缩写是K。在这个国家美元和泰铢也是流通货币，因为基普这个货币价值很低：50000基普约为5欧。

六、做财富的主人

自己的钱要学会妥善保管，不是自己的钱一分一毫也不能拿。在公共场所，要遵守和爱护我们共有的财物和资源哦！

学会区分财物的主人

周末，公园里可热闹了。

小朋友们在荡秋千，放风筝……

观赏鲜花……

爱护花草

多多与妈妈正排着队等待荡秋千。

这时，多多发现一只风筝躺在草地上。

妈妈，看！那只风筝可漂亮了，我要放风筝！

呜呜呜……我的风筝哪去了？

多多，这只风筝不是你的，我们不能要。你看，妞妞正在找她的风筝，我猜它的主人应该是她。

为什么？我想玩。

如果你想玩的话，你要得到妞妞的同意。

妞妞，这是你的风筝，还给你吧！

谢谢你，多多！

妈妈，什么东西才是我的呢？

大人给你买的东西，你自己用零花钱买的东西，还有别人送给你的东西。

我的上衣、裤子……

漫画书、玩具……

还有这支雪糕都是我的咯。

嗯，对的。

多多还不满足，继续从口袋掏出2元钱自豪地说……

这是我的钱哦！哈哈。

那别人可以吃我的雪糕吗？

如果他们想吃，他们首先得问你同不同意哦！

妈妈，你刚刚咬了一口我的雪糕，你问过我了吗？

我知道了，下次一定问你。

哈哈，妈妈上当了！

妈妈，秋千是谁的？我想荡秋千，要问问它的主人。

秋千是公共设施，公共设施是属于大家的。如果大家都想荡秋千的话就必须排队轮候。

请你观察一下，公园里还有什么公共设施？

垃圾筒……

篮球场……

洗手池……这些都是属于大家的。

很快，轮到多多荡秋千了，多多急急忙忙把钱塞入口袋就坐上了秋千。

找一找、圈一圈

小朋友，请找出多多的物品，然后用笔圈起来。

妞妞的玩具小熊

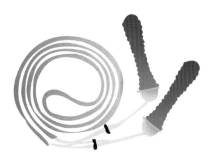

小红的跳绳

多多的闹钟

公园里的花

公园里的秋千

妞妞的风筝

明明的面包

多多的牛奶

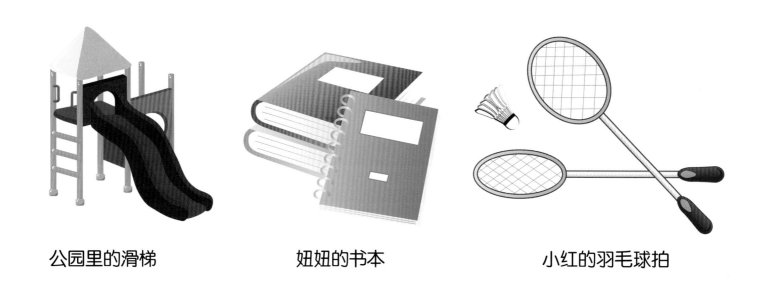

公园里的滑梯　　　　　　妞妞的书本　　　　　　小红的羽毛球拍

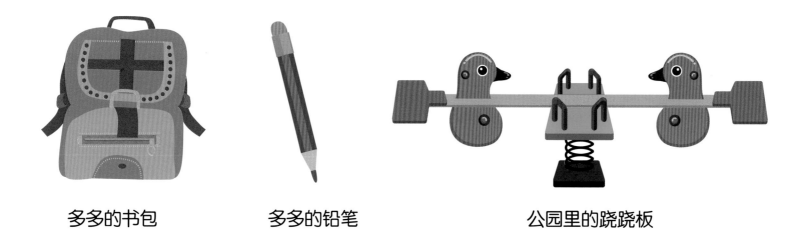

多多的书包　　　多多的铅笔　　　　公园里的跷跷板

保护自己的财物

小朋友，你知道吗？多多荡完秋千后，发现口袋里的钱没了。我想，钱应该是在荡秋千时丢的。如果她把钱交给妈妈保管，就不会丢了。

我们应该怎么保护好自己的财物呢？

公共场合

钱放在安全的地方（有拉链的书包、衣服前面的口袋），不要离开自己的视线范围。

可以把钱分散装在几个口袋里，这样，就算掉钱也不会所有的钱都一起掉。

不随意告诉别人自己有多少钱。

拥挤的地方如公车上、旅游区要时刻留意自己的口袋、背包。

出门在外不带太多钱在身上。

家 里

钱放在钱包里、储钱罐里，贵重物品放在抽屉里。

学 校

不带贵重物品（如手机）回学校，防止不小心丢失。

零花钱也应该放在安全的地方，如书包、衣服前面的口袋。

可叫老师帮忙保管零花钱。

财物丢了要马上告诉老师或者警察。

财商小课堂

1. 保卫零花钱

　　请小朋友在周末，带上零花钱，跟随爸爸妈妈出门购买自己需要的物品。小朋友可依据自己在课堂上学习的保管财物的方法，来保卫零花钱的安全，看看买完自己需要的东西后，小朋友能不能安全地带着剩余的零花钱回家哦。

2. 家庭小分享

　　小朋友，请把学习到的保管财物的方法分享给爸爸妈妈，帮助他们保管好钱财哦。如果爸爸妈妈有更好的保管财物的方法，也请他们分享给你哦。

 小苹果的建议

　　出门之前先检查一下自己随身携带的物品数量以及种类。可以把自己贵重的物品放在一个隐秘的口袋里，不要轻易向别人显露自己的财物；平时我们随身携带的背包，遇到人多的时候也要多加注意，不要让它离开自己的视线。和爸爸妈妈出门购物的时候，也可以观察一下他们是怎么保管自己的财物的。相信小朋友们会有更多的保管技巧。

财赋心语录

🌱 大大小小人民币，我们都要去珍惜。钱币来之都不易，不能乱画不丢弃。收集纸币和硬币，存进银行有利息。从今以后要牢记，爱护所有人民币。

🌱 我有一个小愿望，下定决心实现它。每天看看愿望卡，提醒自己牢记它。努力付出坚持住，困难险阻不惧怕。终于有天我发现，梦想愿望实现了！

🌱 逛街购物有技巧，货比三家很重要。分清想要和必要，花钱顺序要记牢。有钱先买必要的，想要可以排最后！

🌱 别看我是小娃娃，理财方面是行家，理财不比大人差。不铺张、不浪费，看得远、算得准，该省的省，该花的花。不攀比来不乱花，勤俭节约人人夸。

🌱 随着年龄的增长，如果你的钱能够不断地给你买回更多的自由、幸福、健康和人生选择的话，那么就意味着你的财商在增加。

财赋心语录

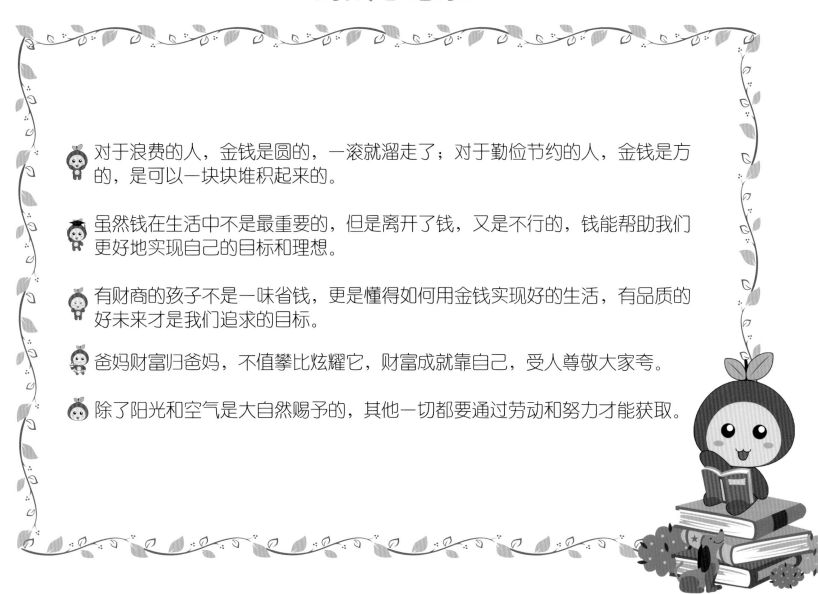

对于浪费的人，金钱是圆的，一滚就溜走了；对于勤俭节约的人，金钱是方的，是可以一块块堆积起来的。

虽然钱在生活中不是最重要的，但是离开了钱，又是不行的，钱能帮助我们更好地实现自己的目标和理想。

有财商的孩子不是一味省钱，更是懂得如何用金钱实现好的生活，有品质的好未来才是我们追求的目标。

爸妈财富归爸妈，不值攀比炫耀它，财富成就靠自己，受人尊敬大家夸。

除了阳光和空气是大自然赐予的，其他一切都要通过劳动和努力才能获取。

誉融教育（集团）

誉融教育（集团），成立于 2008 年，师资力量雄厚，金融行业经验丰富，理论和实战技能卓著。旗下"财赋商学院"更是国内少儿财商教育的一面旗帜，是目前国内唯一涵盖 4～18 岁青少儿全体系财商训练精英机构，帮助孩子建立正确的财富观和人生观，克服物质条件的过分满足带来的诸多问题，从小培养孩子珍惜财富、创造财富、驾驭财富的综合素养和能力。

全体誉融人秉承"一群人、一条心、一件事、一辈子"的座右铭，以专注、专业、价值的态度诠释着科学、创新、发展、实效的财商教育理念，我们坚信财商教育是影响社会、影响孩子一生的大事，是生存能力的培养，是立足未来实现富裕幸福生活的最坚实基础，并将此作为誉融人终身的奋斗目标！

财商理念

誉融少儿财商培养孩子10大素养
传十分财商，创百分未来！

誉融财商教育体系

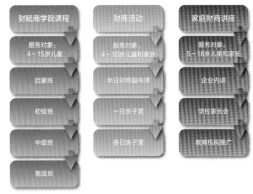

活动写真 PHOTO SHOW

亲子教育活动篇

茂德公草堂第六届儿童节——"我们都是小大人"亲子活动
——茂德公草堂誉融教育联合举办

珠啤博物馆·誉融教育财商亲子活动

金融机构篇

中意人寿·誉融教育财商亲子活动

建设银行·誉融教育"财赋少年"财商

夏令营冬令营篇

少儿财商·主持演播 冬令营

"财赋商学院"财商夏令营

校园篇